Los objetivos del estudio

DR. JOSÉ SUPO

Médico Bioestadístico

www.bioestadistico.com

Los objetivos del estudio – Cómo expresar el deseo específico del investigador

Primera edición: Enero del 2015

Editado e Impreso por BIOESTADISTICO EIRL
Av. Los Alpes 818. Jorge Chávez, Paucarpata, Arequipa, Perú.

Hecho el depósito legal en la Biblioteca Nacional del Perú.

N ° 2015-00006

ISBN: 1505896339
ISBN-13: 978-1505896336

DEDICATORIA

A los investigadores, que aportan al conocimiento y a la construcción del método investigativo…

A los que pretenden con la ciencia mejorar el mundo.

CONTENIDO

1 El objetivo determinar 1

2 El objetivo describir 7

3 El objetivo estimar 13

4 El objetivo comparar 19

5 El objetivo asociar 25

6 El objetivo correlacionar 31

7 El objetivo concordar 37

8 El objetivo evidenciar 42

9 El objetivo demostrar 48

10 El objetivo probar 55

Objetivo N° 1

El objetivo determinar

Vamos a comenzar mencionando que el objetivo no es más que la expresión o la traducción del propósito del estudio; por eso, en este momento, conviene remarcar claramente qué es el propósito del estudio.

Éste no es más que uno de los cinco elementos con los que enunciamos el estudio. Si recuerdas estos cinco elementos: el propósito del estudio, las unidades del estudio, las variables analíticas, la delimitación espacial y la delimitación temporal.

El elemento más importante para generar un método investigativo es el propósito del estudio. Éste se refleja en la intencionalidad del investigador y, más adelante, tendrá que ser reflejado en un objetivo que en investigación cuantitativa se trata de un objetivo estadístico.

El objetivo determinar corresponde al nivel investigativo descriptivo; de hecho, es el primer objetivo que aparece cuando desarrollamos investigación cuantitativa. Antes del desarrollo del objetivo estadístico determinar nos encontraríamos en la investigación cualitativa o en el nivel investigativo exploratorio.

Recuerda que el nivel exploratorio representa la génesis de las variables analíticas, es decir, que antes de determinar, primero tendríamos que definir qué es lo que vamos a determinar, y precisamente el objetivo del nivel investigativo exploratorio es definir el concepto que más adelante vamos a analizar.

El primer tipo de análisis que realizamos en la investigación cuantitativa es determinar si existe o no existe la condición que habíamos definido en el nivel anterior.

Por eso, los resultados de este objetivo determinar serán dicotómicos: sí existe la condición o no existe la condición. Vamos a poner un ejemplo de una determinada línea de investigación y utilizaremos a la enfermedad de la diabetes, el objetivo determinar se podría expresar de la siguiente manera: determinar si de existe o no existe la enfermedad de la diabetes en un sólo paciente.

Se trata de decidir si la entidad, la enfermedad, el problema en estudio está presente o no está presente en una unidad de estudio; hay que determinarlo incluso apoyándonos con herramientas cualitativas. La finalidad es llegar a una conclusión de si existe o no existe la condición.

El objetivo determinar no puede ser asociado con otros objetivos.

Usualmente se suele cometer este error. Por ejemplo, determinar las diferencias entre los dos grupos comparados. Ahí, como puedes notar, existen dos verbos: determinar y comparar, que está implícito.

Cuando pretendemos encontrar diferencias entre dos grupos, no podemos colocar dos objetivos al mismo tiempo; o vamos a determinar la presencia o ausencia de una determinada condición, o vamos a comparar, y esto corresponde a otro objetivo estadístico, que en este momento no tendría por qué aparecer. Así que una de las reglas que vamos a utilizar cuando planteamos los objetivos del estudio es no combinar dos verbos que representen a un objetivo.

Los objetivos que vamos a desarrollar son determinar, describir, estimar, comparar, asociar, correlacionar, concordar, evidenciar, demostrar y probar.

Como puedes ver, todos estos objetivos están en infinitivo, son verbos en infinitivo, pero un verbo en infinitivo no se convierte necesariamente en un objetivo del estudio, existen verbos en infinitivo que no se pueden completar como si fuesen objetivos.

De hecho, cuando hablamos de investigación cuantitativa, los objetivos del estudio que planteamos son estadísticos y para que un objetivo sea estadístico se requiere de un procedimiento matemático o estadístico para ser completado.

Si no existe un procedimiento estadístico para completar el objetivo, no se trata de un objetivo estadístico. En investigación cuantitativa todos los objetivos son estadísticos porque siempre se requiere de un procedimiento analítico para poder completar el objetivo que nos hemos planteado.

Comoquiera que los resultados de evaluar o de realizar un estudio con el objetivo determinar son dicotómicos, siempre va a corresponder al estudio de una unidad de estudio.

Recuerda que la unidad de estudio puede ser un individuo o un conjunto de individuos, es decir, se puede desarrollar este objetivo tanto a nivel individual como a nivel de la población.

Un ejemplo para el objetivo determinar sería: determinar si un paciente tiene una determinada condición, como puede ser una enfermedad; determinar si el paciente tiene la enfermedad de la diabetes.

Otro ejemplo que bien podríamos aplicar aquí sería: determinar si las aguas del río que pasan por nuestra ciudad están contaminadas; los resultados serían: sí están contaminadas o no están contaminadas.

Un ejemplo a nivel de población, a nivel de conjunto, de grupo, sería: determinar si la población de nuestra ciudad está preparada para afrontar un sismo.

En resumen, diríamos que el objetivo determinar se plantea siempre a nivel de una unidad de estudio, ya sea una unidad individual o una unidad colectiva o poblacional.

Por otro lado, existen dos tipos de variables: objetivas y subjetivas. Las variables objetivas se apoyan en instrumentos mecánicos, en indicadores objetivos para ser identificadas; mientras que las variables subjetivas se apoyan en instrumentos documentales.

El objetivo determinar se puede utilizar en ambos casos. Si se trata de una variable objetiva, tendríamos que utilizar instrumentos mecánicos para identificar indicadores que nos puedan ayudar a saber si la unidad de estudio está afectada o no está afectada por una determinada condición.

Por ejemplo, para determinar si una persona tiene o no tiene la enfermedad de la tuberculosis, utilizamos los criterios de Stegen y Toledo, un algoritmo para saber si una persona es afectada o no por la enfermedad de la tuberculosis.

Los elementos que utilizamos para esto son el granuloma específico, el PPD positivo, el antecedente epidemiológico de tuberculosis, el hallazgo del bacilo de Koch, un cuadro clínico sugestivo y también una radiografía; cada uno de estos criterios tiene un determinado puntaje y si la suma de estos criterios es siete a más puntos, decimos que esta persona tiene la enfermedad de la tuberculosis.

Como puedes notar, algunas de las condiciones de estos criterios se evalúan mediante instrumentos mecánicos, y otros elementos se evalúan mediante entrevistas, como por ejemplo, el antecedente epidemiológico de tuberculosis; se trata de una combinación de indicadores correspondientes a valores objetivables y otros que son subjetivos, pero que se pueden identificar a través de conceptos.

Lo interesante es si podemos llegar a determinar la condición, que en este caso es la enfermedad de la tuberculosis, en un determinado paciente. Ése es el objetivo del estudio, se trata de un estudio de un sólo individuo, de un tamaño de muestra N igual a uno.

Pero esto ya lo hace cuantitativo, claro, es el principio de la analítica en investigación cuantitativa, la investigación de un solo individuo, de una sola unidad de estudio, que en este caso es un individuo sobre el cual tenemos que llegar a determinar si existe o no existe la condición en estudio que generó nuestra línea de investigación y que, generalmente, corresponde a un problema.

En el campo de la salud los problemas suelen ser habitualmente las enfermedades, y nuestro ejemplo de la tuberculosis es una enfermedad, es un problema que afecta a individuos o a unidades de estudio individuales.

Cuando estudiamos a un solo individuo, el objetivo de nuestro trabajo es determinar si existe o no existe la condición que nos llevó a desarrollar el estudio de un individuo, de un estudio con muestra de tamaño n igual a uno.

Objetivo N° 2

El objetivo describir

El objetivo describir se desarrolla después de haber desarrollado o después de haber completado el objetivo determinar, y habitualmente antes de desarrollar el objetivo estimar.

Esto quiere decir que hay una secuencia en la cual tenemos que desarrollar nuestros objetivos del estudio; de hecho, esta secuencia general que nosotros llamamos línea de investigación tiene que transcurrir a través de los diferentes niveles de la investigación y dentro de cada nivel investigativo podemos identificar objetivos estadísticos que tienen que ser desarrollados en secuencia.

Recordemos los niveles de la investigación para poder enfocar mejor nuestros objetivos estadísticos. La investigación comienza en el nivel exploratorio, que conocemos habitualmente como investigación cualitativa, y su característica más importante es que es carente de análisis estadístico. Luego pasamos al siguiente nivel, que corresponde al primer nivel de la investigación cuantitativa, quiere decir que todo lo que viene de aquí en adelante es analítico, se apoya en el análisis estadístico, cuenta con análisis numérico.

Comenzamos con el nivel investigativo descriptivo, el primer nivel de la investigación cuantitativa. Por lo tanto, aparecen los objetivos estadísticos. Luego pasamos al nivel relacional, que se caracteriza por analizar dos variables, siempre es bivariado, y luego continuamos con el nivel explicativo, cuya característica más importante es que se trata de estudios de causa y efecto. Los estudios explicativos pretenden demostrar relaciones de causalidad, ésa es su intención más importante.

Luego pasamos al nivel superior, el nivel predictivo; la finalidad de este nivel es construir modelos matemáticos que nos permitan predecir las consecuencias, en el caso de no intervenir cuando se presenta un problema, una entidad, una enfermedad, en el campo de la salud.

Finalmente, tenemos el nivel aplicativo de investigación, que algunos denominan investigación acción, investigación aplicada, cuya finalidad más importante u objetivo general es mejorar, porque las intervenciones que desarrollamos en el nivel aplicativo tienen como finalidad mejorar las condiciones del ser humano y de su entorno.

Estos son los pasos o peldaños que tenemos que utilizar para transitar dentro de nuestra línea de investigación. Es una secuencia natural que no podemos alterar, es decir, que tenemos que ir necesariamente en ese orden si queremos llegar a solucionar los problemas que se generaron partir de nuestra línea de investigación o, al revés, nuestra línea de investigación se generó a partir del descubrimiento de un problema en el nivel exploratorio.

Dentro de cada nivel investigativo existen pasos intermedios, secuencias que podemos desarrollar y que también tienen un orden determinado. Este orden está regido por los objetivos estadísticos; por eso es que dentro de un mismo nivel investigativo encontramos objetivos que se desarrollan en secuencia.

Comenzando por el nivel más básico de la investigación cuantitativa nos encontramos en el nivel investigativo descriptivo; la primera intención, el primer objetivo que aparece en este nivel es el objetivo determinar, del cual hablamos en el paso anterior.

Después de haber determinado la existencia de una condición en una unidad de estudio, ya sea a nivel individual o a nivel colectivo, ya sea que se trate de una variable objetiva o de una variable subjetiva o ya sea que los elementos que nos ayudaron a determinar si hay indicadores objetivos o subjetivos; después de eso, desarrollamos el objetivo estadístico describir. Recuerda, no podemos combinar este verbo en infinitivo con otros objetivos que podemos plantear en los diferentes niveles de la investigación.

Por ejemplo, no podríamos decir: describir la relación que existe entre dos variables, porque ahí estamos combinando dos verbos. Aunque parezca lógico lo que estamos diciendo, describir y relacionar son dos condiciones totalmente distintas, no podemos describir la relación. Lo que nos podríamos plantear es relacionar las variables que tenemos en nuestro estudio; entonces, cuando planteamos un objetivo, utilizamos un verbo en infinitivo, pero lo tenemos que utilizar de manera aislada.

En este caso, el objetivo describir se encarga precisamente de eso, de describir. Aunque en metodología de la investigación, describir es un término técnico que se refiere a caracterizar a las personas o a las unidades de estudio que han sido determinadas o a las cuales se les ha identificado una condición previamente.

Recuerda los ejemplos que habíamos puesto anteriormente acerca de la enfermedad de la tuberculosis. Vamos a suponer que hemos determinado la presencia de la enfermedad de la tuberculosis en un determinado paciente.

No tiene que ser necesariamente una enfermedad, en el campo de las ciencias sociales no estudiamos enfermedades, pero sí estudiamos condiciones adversas a los individuos, a las personas, a los usuarios, a los clientes, entonces, podríamos determinar el fracaso escolar, el abandono escolar en un individuo, en una unidad de estudio; también podría ser a nivel poblacional, a nivel de grupo, entonces, utilizamos el término unidad de estudio para referirnos tanto a la unidad de estudio individual como a la unidad de estudio colectiva o poblacional.

Una vez que hemos reunido un conjunto de personas a las cuales se les ha determinado una condición, vamos a suponer la tuberculosis, la diabetes o cualquier otra condición, conseguiremos un conjunto de estas personas, digamos cien personas que tienen diabetes. Entonces, tenemos que describir a estas personas que tienen la enfermedad de la diabetes.

Vamos a describirlos según sus características o según otras condiciones, como por ejemplo, el peso, los hábitos alimenticios, hábitos nocivos como el hábito de fumar, el consumo de alcohol, higiene del sueño, el consumo de carbohidratos, el consumo de grasas, la actividad física y una serie de condiciones que podemos describir en los pacientes diabéticos.

Cuestiones que para el investigador podrían resultar interesantes y que más adelante tendrán que ser analizadas. En este punto no es necesario discernir con certeza si estas condiciones estarían asociadas o no a la enfermedad de la diabetes, porque no nos encontramos en el nivel investigativo relacional, nos encontramos en el nivel investigativo descriptivo y la única finalidad en este momento para el investigador es describir cuestiones que resulten interesantes desde el punto de vista de su línea de investigación.

Cuando describimos condiciones o características en las personas en las cuales hemos determinado una condición, supongamos la diabetes, no es necesario esforzarnos para medir estas otras características.

Por ejemplo, podríamos describir el ingreso familiar promedio para tener una idea de la condición socioeconómica de estas personas, y no necesariamente incluir una variable que diga condición socioeconómica, porque para esto tal vez necesitemos la autorización de un instrumento, y nosotros no estamos estudiando la condición socioeconómica; si queremos tener una idea de esta condición y utilizamos un indicador como el ingreso familiar promedio, esto será suficiente para luego analizar si es que esta condición podría estar asociada o no a la variable de estudio, porque precisamente de eso se trata.

Más adelante, no en este nivel investigativo, no como complemento de este objetivo, vamos a analizar estas condiciones que estamos describiendo, estas características adicionales a la variable de estudio. La variable de estudio es la diabetes, pero hay condiciones adicionales como el peso, el índice de masa corporal, los hábitos alimenticios, los hábitos nocivos, la actividad física que queremos describir, pero que más adelante las vamos a asociar o, en términos generales, las vamos a relacionar con la variable de estudio.

Entonces, no es necesario que gastemos nuestro esfuerzo y nuestra energía en medir exactamente estas condiciones, solamente queremos tener una idea, porque más adelante utilizaremos la edad, el género, la ocupación, el nivel de instrucción y todas estas variables de caracterización que describimos y que lo utilizamos en los estudios descriptivos.

En el siguiente nivel investigativo, el nivel relacional, todas estas variables serán planteadas para saber si existe o no existe una relación con la variable de estudio, pero en este momento nos encontramos todavía en el nivel descriptivo. ¿Cuántas variables deben ser utilizadas para describir nuestro grupo? Eso dependerá del investigador y de la experiencia que tenga dentro de su propia línea de investigación.

Objetivo N° 3

El objetivo estimar

Este es uno de los últimos objetivos que solemos desarrollar dentro del nivel investigativo descriptivo, luego de haber desarrollado el objetivo determinar y el objetivo describir.

Recuerda que ya nos encontramos en la investigación cuantitativa, esto significa que mientras más nos adentremos, mientras más avancemos en nuestros niveles de la investigación analítica, el análisis estadístico se irá tornando algo más complicado, tendremos que ir conociendo procedimientos estadísticos más completos.

De hecho, cuando habíamos comenzado con el objetivo determinar, bastaba con decidir si existía o no existía la condición que queríamos encontrar.

Cuando desarrollamos el objetivo describir, utilizamos procedimientos estadísticos descriptivos, como por ejemplo, la frecuencia: si tenemos cien pacientes diabéticos, ¿cuántos de ellos tienen obesidad?, ¿cuántos tienen sobrepeso?, ¿cuántos fuman o son fumadores?, ¿cuántos no realizan actividad física? Tenemos que hacer un conteo, que no es más que una frecuencia.

Si hablamos de variables numéricas, tendríamos que utilizar un promedio, tendríamos que calcular la media, como por ejemplo, la edad promedio, el peso promedio y el promedio de todas las variables numéricas. Aparecen entonces procedimientos estadísticos de nivel descriptivo, que son cálculos y, por supuesto, los más sencillos de realizar.

Pero cuando nos ubicamos en el objetivo estadístico estimar, tenemos que ir echando mano de otros procedimientos estadísticos más complejos, porque a medida que vayamos avanzando en nuestra línea de investigación, en este campo cuantitativo de la investigación, vamos a requerir de procedimientos estadísticos más elaborados.

El objetivo estadístico estimar significa calcular o tratar de conocer lo que ocurre en la población. Supongamos que queremos calcular la prevalencia de la enfermedad de la diabetes en la ciudad de Arequipa, donde existe un millón de habitantes.

Evidentemente, no podemos evaluar a un millón de personas, esto realmente sería muy costoso y también nos tomaría demasiado tiempo; por lo tanto, utilizaremos una muestra, una parte, un segmento de la población. Vamos a suponer que este segmento está conformada por 400 personas; de estas 400 personas, 40 están afectadas por la enfermedad de la diabetes, 40 de 400 correspondería al 10%.

Por supuesto, si volvemos a ejecutar el estudio sobre la misma población, con los mismos instrumentos, no necesariamente vamos a encontrar la misma cantidad de individuos afectados.

Es decir, no vamos a encontrar exactamente a 40 personas afectadas con la enfermedad de la diabetes, podríamos encontremos 41, o tal vez 39, o alguna variante muy cercana a este número de 40 que habíamos encontrado inicialmente. Si esto lo llevamos a los porcentajes, no va a ser exactamente 10%, podría ser 10.1% o 10.2%, o tal vez hacia abajo, 9.9% o 9.8%.

Esto ocurre porque existen variaciones aleatorias en la población. A esto se le denomina variabilidad; por eso decimos que cuando vamos a conocer la prevalencia de la diabetes de una población a partir de una muestra, lo que estamos haciendo es estimar el valor de la prevalencia, porque este valor no lo vamos a conocer sino, más bien, lo tenemos que estimar y lo hacemos utilizando dos estadísticos muy conocidos: el primero es la frecuencia, precisamente eso es el 10% de la población afectada, pero ya sabemos que no es exactamente 10%, podría ser un poco mayor o un poco menor.

Por lo tanto, necesitamos definir cuál es el rango dentro del cual se encontraría con mayor probabilidad el valor de la prevalencia. Vamos a suponer que este rango hacia abajo tiene un límite de 8% y hacia arriba tiene un límite del 12%.

Estaríamos hablando de un intervalo desde 8 hasta 12. A este intervalo se le conoce con el nombre de intervalo de confianza y habitualmente lo utilizamos al 95%, por eso es que el nombre más común que utilizamos es intervalo de confianza al 95%.

Claro que un rango para el 8% desde otro hasta 12% es un rango más o menos aceptable, porque este rango podría ser más amplio, como por ejemplo, desde el 5% o hasta el 15%, es decir, cinco puntos hacia abajo y cinco puntos hacia a

rriba. Pero podría ser peor, imaginémonos que no sea cinco puntos hacia abajo y cinco puntos hacia arriba, sino diez puntos hacia abajo y diez puntos hacia arriba, es decir que si la estimación puntual fuese del 10%, el límite inferior sería 0% y el límite superior sería 20%.

Un rango de esta magnitud, un intervalo de confianza de esta magnitud, resulta nada útil, nada interesante, porque cómo es posible que yo diga que la prevalencia de la enfermedad de la diabetes en esta ciudad estaría dentro del 0% al 20%. Realmente no estoy dando una conclusión interesante, por eso es que mientras más corto sea este intervalo de confianza, nuestro estudio será más exacto.

La pregunta natural que te debe surgir en este momento es: ¿de qué depende la amplitud del intervalo de confianza? La respuesta es del tamaño de la muestra; mientras más grande sea la muestra que estés utilizando para estimar el valor de la prevalencia, más angosta, más estrecha, más reducida, será el intervalo de confianza.

Existe una relación inversa entre el tamaño de la muestra y la amplitud del intervalo de confianza: más muestra, menos amplitud del intervalo de confianza; menos muestra, más amplio será el intervalo de confianza.

En el ejemplo que te había colocado, donde a la estimación puntual le restábamos y le sumábamos diez puntos, probablemente se trate de un estudio con una muestra muy pequeña.

Por esta razón, para estimar los parámetros de la población a partir de una muestra, tenemos que utilizar el cálculo del tamaño de la muestra dentro del cual ya incluimos el nivel de significancia, que habitualmente es 5% y que corresponde a un nivel de confianza del 95% para conocer la magnitud del intervalo de confianza que utilizaremos para nuestra estimación puntual.

Cuando desarrollamos un estudio de nivel descriptivo, donde el objetivo estadístico es estimar, no solamente tenemos que presentar la estimación puntual sino que tenemos que acompañarla por los intervalos de confianza que habitualmente son al 95%.

Este intervalo de confianza es factible de ser calculado cuando estamos estimando el parámetro de una variable cualitativa, la prevalencia de la enfermedad de la diabetes porque ahí las opciones para cada individuo son sí tiene la enfermedad o no tiene la enfermedad, por lo tanto, sólo tendríamos que hacer un conteo del número de personas afectadas por la enfermedad de la diabetes y dividirlas entre el total de las personas evaluadas.

En otros casos, si trabajamos con variables numéricas, también podemos estimar. Lo que normalmente estimamos en una variable numérica es el promedio, es decir, la medida de tendencia central. Si tenemos un conjunto de pacientes diabéticos o un conjunto de personas evaluadas en general, no necesariamente diabéticos, podríamos estimar el valor medio del índice de masa corporal, una variable numérica; por lo tanto, lo que tendríamos que estimar en este caso es el promedio.

Al igual de lo que ocurre con el estudio de las variables categóricas, el promedio que encontremos de las 400 personas evaluadas, que corresponden a una muestra, no necesariamente es el promedio de la población que está constituida por un millón de habitantes, porque lo que estamos estudiando es solamente una parte, es una proporción, es un segmento de la población.

De volver a ejecutar el mismo estudio, en la misma población y con los mismos instrumentos, pero en una muestra distinta, no encontraremos exactamente el mismo promedio.

Por lo tanto, también tenemos que expresar o acompañar la estimación puntual de este parámetro denominado promedio con un intervalo de confianza, y este intervalo de confianza es afectado por el tamaño de la muestra, así como por la variabilidad de la variable que estamos analizando, en este caso, el índice de masa corporal.

Y utilizamos clásicamente el error típico de la media para calcular los límites inferior y superior para el intervalo de confianza al 95%, donde se encontraría con mayor probabilidad la estimación puntual del promedio, que en nuestro ejemplo es el índice de masa corporal. Existen procedimientos estadísticos para estimar, por eso es un objetivo estadístico.

Objetivo N° 4

El objetivo comparar

El objetivo estadístico comparar se encuentra en todos los niveles de la investigación. De hecho, los objetivos estadísticos no son exclusivos de un nivel investigativo.

Habitualmente se utilizan dentro de un nivel pero no son exclusivos, es decir, podría utilizar un objetivo cualquiera para un nivel investigativo de forma indeterminada.

El clásico ejemplo de esto es el objetivo estadístico comparar, éste se puede desarrollar tanto a nivel exploratorio, descriptivo, relacional, explicativo, predictivo y aplicativo, aunque habitualmente lo más común es que lo encontremos dentro del nivel relacional.

En la mayoría de los casos este objetivo es planteado dentro de este nivel investigativo y también lo podemos encontrar, aunque con menor frecuencia, en el nivel explicativo. Vamos a desarrollarlo en el lugar donde se encuentra con mayor frecuencia, es decir, en el nivel relacional.

El nivel relacional se caracteriza por involucrar dos variables analíticas dentro de su análisis estadístico, es decir, es bivariado. Estamos comenzando el nivel investigativo relacional y lo primero que se nos ocurre en este momento es comparar. Por eso el objetivo estadístico que vamos a desarrollar ahora es el objetivo comparativo.

Existen dos tipos de comparación. Primero, la comparación entre grupos, tenemos el grupo A y el grupo B, los queremos comparar para saber si son distintos, diferentes, para ver si existe diferencia entre estos dos grupos.

Segundo, la comparación de medidas de un mismo grupo, esto quiere decir que si a un grupo lo medimos en dos ocasiones, tendríamos que comparar las dos medidas del mismo grupo; ¿por qué razón haríamos dos medidas sobre un mismo grupo?, porque esperamos que haya diferencias, porque la comparación siempre busca diferencias entre sus comparaciones.

Por lo tanto, si vamos a hacer dos medidas sobre mismo grupo, esperamos que entre las dos medidas, habitualmente denominadas medida antes y medida después, haya existido un fenómeno.

Esta condición que ha ocurrido dentro de las dos medidas puede ser manipulada o no manipulada por el investigador, quiere decir que podría haber modificado, influido o manipulado una determinada condición para observar las diferencias en la segunda medida, pero también podría haber hecho solamente un seguimiento, es decir, una observación.

La comparación antes y después o la comparación entre medidas puede corresponder tanto a un estudio observacional como a un estudio experimental. Si se trata de un estudio observacional, habitualmente pertenece al nivel relacional, pero si se trata de una intervención, de un estudio experimental, pertenece al nivel investigativo explicativo.

La forma de comparación más frecuente con la que nos encontramos en investigación científica no es la comparación entre medidas, que sí se puede desarrollar; la más frecuente, la que vemos día a día, es con la comparación entre grupos, es decir, comparar el grupo A con el grupo B para ver si existen diferencias entre ambos.

Algunos investigadores piensan que la comparación entre grupos es un análisis estadístico univariado. Esto es un error. El análisis estadístico para el objetivo estadístico comparar es bivariado, de dos variables.

Evidentemente, cuando comparamos, podemos comparar una variable categórica o una variable numérica, por ejemplo, si tenemos un grupo A y un grupo B, podemos comparar la frecuencia de una determinada característica, pero también podríamos comparar el promedio de una característica que corresponda a una variable numérica.

Vamos a suponer que queremos comparar un grupo de diabéticos con un grupo de no diabéticos, podríamos comparar la frecuencia del hábito de fumar en ambos grupos; la variable que estamos comparando es categórica.

También podríamos comparar el índice de masa corporal de estos diabéticos con el grupo de los no diabéticos; la variable índice de masa corporal es una variable numérica. Por lo tanto, lo que tendríamos que comparar son los promedios. Entonces, ya sea que comparemos categorías, frecuencias o que comparemos promedios, estamos hablando de un análisis estadístico bivariado. Y ahora vamos explicar por qué.

Si tenemos un grupo de diabéticos y un grupo de no diabéticos, existe una condición, existe una variable que me ayuda a identificar a ambos grupos. A esta variable podríamos denominarla presencia de diabetes o simplemente diabetes, ésa es nuestra primera variable, la variable criterio de conformación de grupos. Sin esta variable yo no podría saber cuáles son diabéticos y cuáles no son diabéticos.

La característica que me ayuda a separar los grupos o a identificar los grupos es la variable diabetes. La otra variable que voy a utilizar para comparar es la variable hábito de fumar. La diferencia entre estas dos variables es que la variable diabetes es una variable fija y la variable hábito de fumar es una variable aleatoria.

Veamos la diferencia: si yo tengo 100 pacientes diabéticos y 100 no diabéticos, yo sé de antemano, antes de ejecutar el estudio, que el 50 % de mi población de estudio es diabético y el otro 50% es no diabético, como esto lo sé antes de ejecutar la recogida de datos, la denominamos variable fija. Pero yo no sé cuántos de ellos tienen el hábito de fumar, ni en el grupo de los diabéticos ni en el de los no diabéticos. Debido a que recién me voy a enterar de esta condición después de recoger los datos, la denomino variable aleatoria.

En investigación tenemos variables fijas y variables aleatorias. Las primeras son aquellas cuya distribución se conoce antes de la recogida de datos y son habitualmente manejadas por el investigador.

Las segundas son las que se van a conocer o cuya distribución recién se va a conocer después de la recogida de datos y esto no lo puede manejar el investigador, porque es algo que recién va a conocer.

En la comparación de grupos para variables categóricas, tenemos una variable fija y una variable aleatoria. La variable fija, en la comparación de grupos, siempre será categórica, y la variable numérica siempre será aleatoria.

En términos generales, las variables numéricas siempre son aleatorias, no solamente en este objetivo sino en cualquier otro. Entonces, en lo que se parecen estas dos formas de comparar, comparar frecuencias y comparar promedios en ambos casos, la variable fija es categórica.

Claro que cuando comparamos frecuencias, la variable aleatoria es categórica, y cuando comparamos promedios, la variable aleatoria es numérica.

Pero en ningún caso debemos olvidar que existe una variable que me ayudó a construir los grupos, me estoy refiriendo a la variable fija, la variable que me ayuda a saber quiénes tienen diabetes y quiénes no tienen diabetes. Esta variable no participa en la recolección de datos porque yo ya sé cuántos diabéticos necesito, es más, los voy a conseguir intencionalmente.

Vamos a suponer cien, voy a conseguir intencionalmente a cien personas no diabéticas, es decir, que en el desarrollo del estudio ya no vamos a medir la condición de la diabetes, ya no estamos buscando saber cuántos son diabéticos y cuántos son no diabéticos en el grupo de estudio, lo que estamos buscando es conocer la distribución de la variable aleatoria.

Para nuestro primer caso, la comparación de frecuencias, cuántos son fumadores, y para nuestro segundo caso del índice de masa corporal, cuál es el índice de masa corporal de cada uno de los individuos evaluados, para luego obtener un promedio.

Finalmente, tenemos la comparación entre medidas, que también es bivariada porque cada medida es aplicada a todas las unidades de estudio. Si yo tengo cien personas en un grupo que voy a evaluar en dos ocasiones, lógicamente en la primera medida tengo cien y en la segunda medida también; por eso es que esta variable medida es una variable fija.

Ahora, lo que voy a medir, que todavía no lo conozco, se va a comportar de manera aleatoria. Por lo tanto, esta variable sí es de naturaleza aleatoria, ya sea categórica para evaluar frecuencias o ya sea numérica para evaluar promedios. En cualquier situación tenemos dos variables analíticas.

Objetivo N° 5

El objetivo asociar

Vamos a comenzar diferenciando al objetivo estadístico asociar del objetivo estadístico comparar, del cual hablamos anteriormente. Si recuerdas, el objetivo estadístico comparar involucra la participación de dos variables, una de ellas es una variable fija y la otra es una variable aleatoria.

La variable fija es la variable criterio de conformación del grupo y la variable aleatoria es aquella cuya distribución vamos a conocer únicamente después de la recogida de datos.

En el objetivo estadístico asociar, ambas variables son aleatorias, quiere decir que la distribución de ambas variables, de cada una de ellas, se va a conocer únicamente cuando logremos recolectar los datos.

La otra característica del objetivo estadístico asociar es que involucra la participación de dos variables categóricas dicotómicas necesariamente, porque la asociación se da entre las categorías, no entre las variables. Las variables se relacionan; las categorías se asocian. Para esto vamos a colocar un ejemplo, diremos que existe asociación entre el sexo masculino y el cáncer de estómago. De hecho, esto es algo que está publicado en la literatura científica. En el primer caso, el sexo masculino es una categoría de la variable sexo, las categorías de esta variable son masculino y femenino.

En el segundo caso, en la variable cáncer de estómago tenemos a las categorías con cáncer de estómago y sin cáncer de estómago. Cuando nosotros decimos que el sexo masculino está asociado al cáncer de estómago, nos estamos refiriendo a dos categorías: el sexo masculino es la categoría o es una de las categorías de la variable sexo, y en el cáncer de estómago nos estamos refiriendo a la categoría con cáncer de estómago de una manera predefinida; no podríamos referirnos a la categoría sin cáncer del estómago, ¿verdad? Así que necesariamente nos estamos refiriendo la categoría con cáncer de estómago.

Aunque si queremos ser estrictos al utilizar los términos de la asociación, tendríamos que decir esta frase de la siguiente manera: el sexo masculino está asociado con el cáncer de estómago, me refiero a la categoría con cáncer, no me refiero la categoría sin cáncer.

Y si queremos escribir lo mismo en términos de relación, dijimos que las variables se relacionan, diríamos que el sexo está relacionado al cáncer de estómago. Pero si queremos hablar en términos de asociación tendríamos que decir que el sexo masculino está asociado a las personas con cáncer de estómago.

Entonces, la condición para que podamos hablar de asociación es que lo que estamos analizando son las categorías, y ambas variables, además de aleatorias tienen que ser dicotómicas, porque si las variables que vamos a relacionar son politómicas, cuando realicemos un procedimiento estadístico y encontremos un p-valor por debajo del nivel de significancia, no podríamos saber cuáles son las categorías asociadas.

Recuerda que en las tablas de contingencia lo que habitualmente utilizamos para este propósito es el Chi cuadrado, y éste lo único que nos dice es si estas variables están relacionadas o no. El concepto de la asociación lo obtenemos a partir de las categorías.

Si tenemos dos variables aleatorias categóricas pero politomicas, es decir, con muchas categorías tanto para la variable uno como para la variable dos, vamos a suponer tres categorías para la primera variable y tres categorías para la segunda variable, y ejecutamos el procedimiento de Chi cuadrado y encontramos un p-valor por debajo del nivel de significancia, llegaríamos a la conclusión de que estas dos variables no son independientes, porque el Chi cuadrado que vamos a aplicar es el Chi cuadrado de independencia.

Si estas dos variables no son independientes, quiere decir que están relacionadas. Ahora, ¿cómo podríamos ubicar a la categoría de la primera variable que está asociada a la categoría de la segunda variable? Esto realmente es muy complicado de analizar, por eso en este caso no podríamos plantear el objetivo estadístico asociar o por lo menos tendríamos que realizar procedimientos adicionales para ubicar a la categoría de la primera variable que está asociada a la categoría de la segunda variable.

De hecho, cuando nos encontramos con esta situación, porque puede ocurrir que nuestra primera variable y nuestra segunda variable sean politómicas, entonces, tendremos que realizar un análisis de correspondencias para poder identificar de manera exploratoria cuál de las categorías de la primera variable estarían asociada a la categoría de la segunda variable.

Una vez que hayamos identificado las categorías que están probablemente asociadas, tanto para la primera variable como para la segunda variable, lo que tenemos que hacer a continuación es dicotomizar nuestras variables.

Vamos a suponer que las categorías de mi primera variable son la categoría A, la categoría B y la categoría C; y encontré que la categoría asociada sería la categoría A, por lo tanto, tendría que juntar, sumar las categorías B y C, las tendría que fusionar para tener únicamente dos categorías: la categoría A y la categoría no A, que involucra la suma de las categorías B y C. De esta manera, he dicotomizado la primera variable.

Ahora pasemos a la segunda variable. Vamos a suponer que las categorías de mi segunda variable son X, Y y Z, y la categoría asociada con la categoría de mi primera variable es la categoría Y.

Entonces, tendría que dicotomizar mi variable de la siguiente manera: una categoría sería Y y la otra categoría sería la suma de las categorías X y Z; por lo tanto, mi variable quedaría de la siguiente manera: la categoría Y y la categoría no Y, que representa la suma de las otras dos.

Sólo así podría plantear la asociación para mi propósito del estudio, esto partiendo de la intencionalidad de ubicar asociación entre cualquiera de las categorías, aunque habitualmente el investigador siempre tiene una categoría de interés.

Si retornamos al ejemplo de la asociación entre el sexo masculino con las personas que tienen cáncer de estómago, en mi primera variable sexo, cuyas categorías son masculino y femenino, inicialmente no tenemos definido una categoría en estudio, una categoría de interés, pero en mi segunda variable cáncer de estómago, cuyas categorías son con cáncer de estómago y sin cáncer de estómago, la categoría en estudio o la categoría de interés es con cáncer de estómago.

Lógicamente, en este ejemplo, para mi primera variable sexo no tengo definida una categoría en estudio y en la segunda variable sí tengo definida una categoría en estudio.

Podría ocurrir que en un determinado estudio tengamos una categoría definida para ambas variables, podría ocurrir que para un determinado estudio tengamos una categoría definida para una variable y no para la otra, como en el caso del sexo masculino y el cáncer de estómago, y también podría ocurrir que en un determinado estudio no tengamos las categorías de interés definidas en ninguna de las dos variables. Y si en esta circunstancia, además, ambas variables son politómicas, es ahí donde se aplica el análisis de correspondencias.

Ahora coloquemos un ejemplo donde ambas variables tienen una categoría en estudio previamente definidas por el investigador.

Cuando queremos asociar la obesidad con la diabetes, en este caso ambas categorías están definidas, las categorías de la obesidad serían con obesidad y sin obesidad. Y las categorías de la diabetes serían con diabetes y sin diabetes.

Cuando planteamos la asociación entre estas dos condiciones, lógicamente nos estamos refiriendo a la asociación de las categorías con obesidad y con diabetes.

En el caso de demostrar la asociación entre dos categorías, el siguiente paso sería medir la fuerza de asociación, porque ésta es una condición para saber si la asociación entre estas categorías o la relación entre variables corresponde a una relación de causalidad, porque las relaciones demostradas en este nivel investigativo, el relacional, pueden deberse al azar o pueden deberse a una relación de causalidad.

El primer paso para saber si existe una relación de causalidad o no, es medir la fuerza de asociación, porque mientras más grande sea la fuerza de asociación, mayor probabilidad habrá de que entre estas dos variables exista una relación de causalidad.

Objetivo N° 6

El objetivo correlacionar

Vamos a comenzar planteando una diferencia clara entre lo que es relacionar y correlacionar. Cuando hablamos de relacionar nos estamos refiriendo, por supuesto, a relacionar variables, por lo tanto, necesitamos como mínimo dos, por eso es que la relación entre variables se inicia en el nivel investigativo relacional y de ahí su nombre, porque involucra la participación de dos variables en su análisis estadístico.

Más adelante, en el nivel explicativo, podríamos incluir o involucrar más variables, por ejemplo, tres. Hablamos del análisis estadístico multivariado, entonces, la relación se refiere al tipo de relación que tienen las variables, mientras que la correlación se refiere a un procedimiento estadístico muy específico.

La correlación implica la participación de dos variables numéricas, donde lo que correlacionamos son las unidades de una variable con las unidades de la otra variable, incluso hay procedimientos estadísticos muy específicos como la correlación de Pearson o la correlación de Spearman para concretar este objetivo estadístico. Por lo tanto, diremos que la relación se da a nivel de las variables, mientras que la correlación se da a nivel de las unidades, de las variables, cuando éstas son numéricas.

Cuando lo que tenemos son variables categóricas, no hablamos de correlación, sino de asociación porque la asociación se da a nivel de las categorías de las variables involucradas.

Nuevamente diremos que la relación se da a nivel de las variables, por lo tanto, ya tenemos dos formas de relacionar variables: una de ellas es la asociación, y la otra, correlación.

Por supuesto, no son las únicas formas, existen otras más, como por ejemplo, la comparación, basta que existan dos variables para que hablemos de relación entre las variables.

Continuando con el desarrollo de la correlación, existen dos formas de correlacionar variables. La primera es a nivel de la prueba de hipótesis. La segunda es la correlación con valor predictivo.

Comencemos con la correlación como prueba de hipótesis, para ello utilizaremos un ejemplo, vamos a correlacionar las unidades de la variable glucosa en ayunas, cuyas unidades son miligramos por decilitro, con la variable índice de masa corporal, cuyas unidades son kilogramos sobre metro cuadrado.

Las personas que tienen altos valores de glucosa en ayunas probablemente tengan también altos valores del índice de masa corporal.

Y las personas que tengan bajos niveles de glucosa en ayunas, probablemente tengan bajos valores de índice de masa corporal.

Esto es una correlación a nivel de las unidades, porque en un determinado individuo, en una comunidad de estudio, en una persona, encontraríamos un valor bajo de glucosa en ayunas y también un valor bajo de índice de masa corporal, me estoy refiriendo a un dato puntual para una sola persona.

Y si en algún caso una persona tiene altos valores de glucosa en ayunas, probablemente también tenga altos valores de índice de masa corporal. Esto es la correlación, las unidades de una variable se correlacionan con las unidades otra variable.

A nivel de prueba de hipótesis, las alternativas para este planteamiento serían que existe correlación o no existe correlación.

Por supuesto, lo que pretende el investigador es demostrar la existencia de la correlación. Si el investigador pensará que no hay correlación porque las variables analizadas son independientes, no tendría ningún sentido plantear el estudio en cuestión.

Por eso, la hipótesis del investigador, llamada también H1 (H sub uno) o hipótesis alterna, es que existe tal correlación. Y la hipótesis nula, que siempre se opone a la hipótesis del investigador, llamada H0 (H sub cero) o hipótesis de trabajo, dirá que no existe tal correlación.

Ya nada más faltaría decidir con cuál de estas dos hipótesis nos quedamos. Para ello, aplicamos el ritual de la significancia estadística. Si las dos variables numéricas, que además son aleatorias porque las variables numéricas siempre lo son, tienen distribución normal, utilizaríamos la correlación de Pearson.

Pero si alguna de estas variables o ambas variables no tienen distribución normal, utilizaríamos la correlación de Spearman; este último caso se aplica también cuando las variables que están involucradas son ordinales, aunque para este caso en especial cuando ambas variables son ordinales tenemos al Tau b de Kendall, si el número de categorías en cada variable es la misma,

Pero si el número de categorías en cada variable no es la misma, una variable tiene más categorías que la otra, aplicamos Tau B de Kendall si el procedimiento que apliquemos para nuestra prueba de hipótesis.

La finalidad, el objetivo, es saber si existe correlación o no existe correlación porque estamos hablando únicamente de la correlación a nivel de prueba de hipótesis, pero no es la única forma de plantear la correlación, también tenemos a la correlación como valor predictivo, ésta es la segunda forma de correlación. En este caso ya no se trata de demostrar si existe o no existe correlación, sino de saber cuán predictiva es la medición que realizamos mediante un determinado método respecto de un Gold Standard, una prueba patrón, una medida definitiva.

Veamos un ejemplo, vamos a utilizar la correlación como valor predictivo para el ponderado fetal, éste no es más que una estimación del peso del niño que tendría al momento del nacimiento. ¿Para qué queremos saber el valor del peso del niño antes de nacer? Para elegir la vía del nacimiento, por ejemplo, para poder hacer una cesárea en caso de que el niño sea muy grande y no pueda atravesar el canal del parto con éxito.

Por eso es que los ginecólogos están interesados en estimar el peso del recién nacido mediante métodos ecográficos, y a esto le denominan ponderado fetal ecográfico. Por supuesto, una vez que el niño nace, lo suben a una balanza y conocemos el valor real del peso al nacimiento. En ambos casos, tanto el ponderado fetal como el peso real tienen las mismas unidades: gramos. A diferencia de la correlación como prueba de hipótesis, donde las unidades de ambas variables eran distintas.

Si recuerdas la glucosa en ayunas tenía a las unidades de miligramos por decilitro y el índice de masa corporal tenía las unidades de kilogramo sobre metro cuadrado.

Cuando hablamos de la correlación como valor predictivo, habitualmente, las unidades de ambas variables son las mismas, como en nuestro ejemplo de la correlación para conocer el valor predictivo del ponderado fetal ecográfico. En este caso, no estamos realizando una prueba de hipótesis, porque el ponderado fetal o las unidades del ponderado fetal se correlacionan con las unidades del peso real al nacimiento, porque ésa es su intención.

Así, siempre va a existir correlación cuando tenemos esta intención y no queremos demostrar correlación, lo que queremos es medir la fuerza de la correlación y esto lo hacemos a través del coeficiente de correlación. Si habíamos trabajado con la correlación de Pearson, el coeficiente es R; si habíamos trabajado con la correlación de Spearman, el coeficiente es Rho.

Todas las formas de correlación tienen un coeficiente, mientras más alto, mayor será el valor predictivo de una de las medidas respecto de la otra, también habrás notado que cuando hablamos de ponderado fetal y peso real al nacimiento, la medida final, la medida exacta, es el peso real al nacimiento.

Por lo tanto, el ponderado fetal ecográfico es lo que se está poniendo a prueba para ver cuán predictivo es este valor respecto del peso real.

La correlación es la analogía de la asociación. Esta última se plantea cuando las dos variables involucradas son categóricas, y la correlación se plantea cuando las dos variables involucradas son numéricas.

Lo que tienen en común estos dos objetivos estadísticos es que las variables participantes son aleatorias tanto para la asociación como para la correlación. Cuando trabajamos con variables categóricas, éstas no siempre son aleatorias, en algunos casos son fijas.

Por ejemplo, si tenemos una variable fija y otra variable aleatoria, el objetivo es comparar, pero si las dos variables son alcatorias, el objetivo es asociar. Y cuando trabajamos con variables numéricas, éstas siempre son aleatorias, por lo tanto, si tenemos dos variables numéricas, el objetivo será correlacionar.

Objetivo N° 7

El objetivo concordar

Si nos ubicamos en el nivel investigativo relacional caracterizado por involucrar dos variables en su análisis estadístico, existe una secuencia natural de los objetivos que tenemos que desarrollar dentro de este nivel investigativo.

El primero de ellos es comparar para saber si existen diferencias entre los grupos involucrados. La comparación implica la participación de una variable fija, que es la variable criterio de conformación del grupo, y una variable aleatoria, que puede ser categórica o puede ser numérica. Si la variable es categórica, utilizamos, por ejemplo, Chi cuadrado. Pero si es numérica, utilizamos la t de Student.

Realizada la identificación de la diferencia entre estos grupos que habíamos construido de manera deliberada, el siguiente paso es realizar la asociación si trabajamos con datos categóricos, o la correlación si trabajamos con datos numéricos. Si recuerdas, tanto la asociación como la correlación implican la participación de dos variables aleatorias.

Entonces, ésta es la secuencia natural para desarrollar nuestros objetivos estadísticos: en primer lugar, tenemos a la comparación y, luego de haber detectado diferencias entre los grupos, entonces, recién planteamos, ya sea a la asociación o la correlación según corresponda.

Para el caso asociar o correlacionar tiene la misma intención. Si encontramos asociación o encontramos correlación, tenemos que medir esta relación entre las variables.

Si habíamos planteado la asociación, utilizaremos una medida de asociación. Y si habíamos planteado la correlación, utilizaremos una medida de correlación, incluso ya habíamos mencionado algunas como la R de Pearson y la Rho de Spearman, me estoy refiriendo a los coeficientes, no a la prueba de hipótesis.

Pero si trabajamos con variables categóricas, una de las formas más conocidas, más difundidas y más utilizadas de medir la asociación entre dos variables categóricas es la concordancia, y de ahí viene el objetivo estadístico concordar.

Dentro de este objetivo estadístico concordar encontramos dos formas de hacer concordancia o dos tipos de concordancia: la primera es la concordancia entre el observador, y la segunda es la concordancia entre instrumentos.

Veamos la primera.

La concordancia entre los observadores. Ahora imagina a un paciente que acude a la atención con un psiquiatra. Éste, luego de su evaluación, le diagnostica depresión. El mismo paciente acude a un segundo profesional, a un segundo psiquiatra, le hace una evaluación y le diagnostica ansiedad.

¿Cómo es posible que un mismo paciente sea diagnosticado con dos entidades clínicas totalmente distintas? ¿Acaso no debieron estos dos psiquiatras concordar en su diagnóstico? En el campo de la psicología, la psiquiatría y en las ciencias sociales ocurre con mucha frecuencia esta situación: no hay una concordancia entre los dos evaluadores cuando evalúan al mismo sujeto.

Por supuesto, lo que esperamos es que exista tal concordancia en nuestro ejemplo del paciente que acude a dos profesionales, a dos psiquiatras. Esperaríamos que ambos profesionales le diagnostiquen lo mismo.

Ahora imaginemos que no es solamente un paciente sino son 20 pacientes, esperaríamos que en los 20 casos los dos psiquiatras les coloquen el mismo diagnóstico a cada uno de los evaluados, de los individuos, de los pacientes; pero, como es lógico, no va a existir esa concordancia en los 20 casos, tal vez si tenemos un grado de acuerdo alto entre estos dos profesionales, 18 de ellos concuerden y 2 no concuerden. Esto quiere decir que no basta con saber si existe concordancia o no, hay que medir el grado de concordancia.

Por eso el objetivo estadístico concordar no se contenta con saber solamente si existe o no existe concordancia, sino que hay que medirlo, y para ello utilizamos un índice muy conocido denominado índice Kappa de Cohen. Este índice oscila entre cero y uno, por supuesto, los valores más altos que sean cercanos a uno indicarán mayores valores de concordancia.

Habitualmente para realizar la medida de concordancia utilizamos dos evaluadores y la variable analizada es dicotómica, pero no necesariamente tiene que ser así, podrían ser dos evaluadores, cuatro evaluadores o más evaluadores.

Y la variable que estamos analizando no necesariamente es dicotómica, podría ser politómica, es decir, tener tres categorías o cuatro categorías, siempre que el número de categorías en cada caso sea exactamente el mismo. Lógicamente tienen que ser las mismas categorías.

Ahora veamos una segunda forma de concordancia, me refiero a la concordancia entre instrumentos. La concordancia entre instrumentos es una analogía de la correlación como valor predictivo; de hecho, esta forma de concordancia se utiliza mucho para evaluar la validez predictiva de un instrumento.

Veamos un ejemplo, vamos a suponer que queremos evaluar los niveles de glucosa en un grupo de pacientes diabéticos, sólo queremos saber si está elevado o no está elevado el valor de la glucosa de un grupo de pacientes. Para esto vamos a utilizar un glucómetro, es un instrumento portátil que suelen tener los diabéticos para autoevaluarse y saber si su nivel de glucosa está alto o normal.

Al ser un instrumento portátil y manejado por el propio paciente, no nos arroja un valor exacto de medición. Si nosotros quisiéramos tener la certeza de la medición, si quisiéramos saber a ciencia cierta si es que la glucosa está elevada o no, tendríamos que hacer una medida laboratorial; pero para esto el paciente tendría que aproximarse al hospital, a un laboratorio, tomar una muestra de sangre, procesarla, y no solamente es más costoso, sino que toma mucho tiempo, y para el paciente sería totalmente impráctico. Sin embargo, ésta es la medida oficial para conocer el valor de la glucosa de estos pacientes.

Sólo con la finalidad de saber si está elevado o no está elevado, por cuestiones prácticas, los pacientes suelen utilizar este instrumento denominado glucómetro. Ahora, habría que saber en qué medida los resultados de glucómetro concuerdan con los resultados de la glucosa medida laboratorialmente. Como es lógico, el glucómetro va a tener algunas fallas de medición, en algunos casos no tendrá un valor exacto de medición, pero queremos saber si hay acuerdo entre la medida del glucómetro y la medida laboratorial.

Ahora vamos a imaginar que evaluamos a 20 pacientes y, por supuesto, esperamos que en los 20, los resultados de ambas mediciones coincidan; pero no van a coincidir. Si tenemos 18 pacientes en los que sí coincide, es un buen número. Si tenemos 19, será mejor. Y si coinciden los 20, estaríamos hablando de una concordancia perfecta, pero esto no siempre se va a dar.

Entonces también tendríamos que realizar una medida de concordancia con el denominado índice Kappa de Cohen, que sabemos que varía entre cero y uno, y mientras más alto sea el valor, mientras más cercano a uno, mejor será la medida de concordancia.

Pero a diferencia del ejemplo que habíamos puesto de la evaluación de un paciente por dos psiquiatras, cuando utilizamos la concordancia entre instrumentos, habitualmente uno de ellos está en evaluación y el otro es el instrumento patrón.

El instrumento en evaluación se suele denominar prueba de screening, prueba de tamizaje o prueba de despistaje. Habitualmente es más rápido y más económico, pero sus resultados se tienen que contrastar con una prueba definitiva, una prueba patrón, un Gold Standard o un estándar de oro, como algunos lo denominan.

Mientras más alto sea el valor de la concordancia, más útil será el instrumento evaluado. Por supuesto, quisiéramos que la concordancia sea en el 100% de los casos y aunque esto nunca va a ocurrir, esperamos que el valor del coeficiente de la concordancia sea el más alto; por eso a esta medida de concordancia se le conoce como concordancia para evaluar la validez predictiva de un instrumento.

Comoquiera que el glucómetro trata de predecir los resultados que encontraríamos de aplicar la glucosa laboratorialmente (porque si bien para efectos del estudio a estos 20 pacientes los evaluamos tanto con el glucómetro como con la glucosa medida laboratorialmente), en la práctica, los pacientes diabéticos que se miden su glucosa con el glucómetro no corroboran si este valor realmente es el que encontrarían, porque no se hacen la medida laboratorial.

Objetivo N° 8

El objetivo evidenciar

Nos encontramos iniciando el nivel investigativo explicativo, previamente habíamos desarrollado los objetivos estadísticos del nivel relacional. Para definir claramente el nivel relacional vamos a decir que involucra la participación de dos variables; por lo tanto, es bivariado.

En cambio, la característica más importante que tiene el nivel explicativo, es que pretende demostrar relaciones de causalidad, y para ello, la estadística es insuficiente.

Por lo tanto, los objetivos en este nivel se van a apoyar, es cierto, en el análisis estadístico, pero también en criterios de causalidad que tendremos que ir cumpliendo.

Uno de los criterios de causalidad es la experimentación. El nivel explicativo se apoya mucho en la experimentación para demostrar estas relaciones de causalidad, sin embargo, no siempre es necesario experimentar para poder demostrar relaciones de causa y efecto

. Por lo tanto, podríamos dividir al nivel investigativo explicativo en dos partes: la primera, la demostración de causalidad sin experimentación, y la segunda la demostración de causalidad con experimentación.

El objetivo evidenciar se encuentra precisamente en esta primera parte, en la demostración de causalidad sin experimentación, pero esto no quita que el objetivo evidenciar tenga que cumplir otros criterios de causalidad.

Recordemos los criterios de causalidad que deben completarse en este nivel investigativo denominado explicativo. El primero de ellos es la asociación estadística, que lo podemos entender también como correlación, porque para hablar de relación de causa y efecto lo primero que tendríamos que hacer es relacionar dos variables aleatorias necesariamente, y esto cuando trabajamos con variables categóricas se llama asociación, y cuando trabajamos con variables numéricas, correlación.

Claro que esto se realiza en el nivel investigativo relacional, pero en el nivel investigativo explicativo lo que pretendemos demostrar es que una de las variables es causa de la otra.

El requisito fundamental, la base de la causalidad, es esta asociación estadística o correlación estadística, pero no todas las asociaciones o correlaciones responden a la relación de causalidad, muchas de estas asociaciones se denominan aleatorias, casuales o espurias.

La idea es descartar mediante métodos estadísticos y control metodológico este tipo de asociación denominado casual, aleatorio o espurio. Ahora lo que queremos demostrar es que una variable es la causa de la otra.

El segundo requisito para hablar de relaciones de causalidad es la fuerza de asociación, y la demostramos con las medidas de asociación como el índice Kappa de Cohen. Pero no es el único, también tenemos al riesgo relativo, al Odds Ratio, y cuando trabajamos con variables numéricas tenemos la R de Pearson o la Rho de Spearman.

Mientras mayor sea la fuerza de asociación o la fuerza de la correlación, mayor probabilidad habrá de que una variable sea causa de la otra. Pero, por supuesto, esto es insuficiente y ya lo habíamos desarrollado en el nivel investigativo anterior, en el relacional.

Ahora el criterio que vamos a añadir es la secuencia temporal esto quiere decir que la condición que consideramos como causa, tenía que haber estado presente antes de que ocurriera el supuesto efecto, a esto algunos investigadores lo denominan relación cronológica.

La idea es que la causa se tuvo que establecer antes que el supuesto efecto y esto hace que aparezca una nueva denominación para las variables que habíamos analizado previamente en el nivel investigativo anterior, el relacional.

A partir de ahora aparece la variable independiente, que es la posible causa, y la variable dependiente. La variable dependiente, normalmente o habitualmente, corresponde a la variable de estudio porque estamos tratando de encontrar las causas o los orígenes del problema. Si la variable en estudio es la diabetes, estamos tratando de encontrar las causas de la diabetes, y las causas son planteadas como variable independiente, y la diabetes es la variable dependiente.

Otra característica importante en este nivel es que dentro del grupo de las variables independientes planteamos una serie de características o condiciones que podrían, potencialmente, estar causando el efecto que corresponde a la variable dependiente.

En el nivel investigativo anterior, en el relacional, se había desarrollado un estudio de factores de riesgo en el cual puedes perfectamente plantear 20 factores de riesgo para la variable de estudio, y no todos los factores que has planteado concluirán como factores de riesgo.

Vamos a suponer que de los 20 iniciales solamente 10 de ellos resultaron ser factores de riesgo para la variable de estudio. Entonces, de estos 10 factores que sí tienen una asociación y que además les hemos metido la fuerza de asociación, de ellos vamos a escoger una variable que estaría influyendo con mayor fuerza sobre la variable dependiente en el nivel investigativo explicativo.

Los estudios de influencia donde desarrollamos el objetivo evidenciar deben seleccionar a la variable que tiene la mayor fuerza de asociación. Dijimos que si 10 variables habían demostrado ser factor de riesgo para la variable de estudio, entonces, los ordenamos según la magnitud de la fuerza de asociación, y aquella que tenga mayor fuerza de asociación será planteada como posible causa para la variable dependiente cuando nos encontramos ya en el nivel investigativo explicativo.

Las otras variables, las nueve restantes, serán utilizadas para controlar está posible relación de causa y efecto. Por lo tanto, tendríamos aquí tres grupos de variables: la variable independiente, que es aquel factor de riesgo con mayor fuerza de asociación; la variable dependiente, que es la variable de estudio, y las variables intervinientes, que son el resto de los factores de riesgo con menor fuerza de asociación.

Por lo tanto, estaríamos hablando de un análisis estadístico multivariado, las variables intervinientes pueden ser utilizadas para estratificar el análisis de la relación entre la variable independiente y la variable dependiente.

A esto se le denomina control estadístico y es un requisito indispensable cuando se trata de demostrar relaciones de causalidad sin experimentar, porque estamos hablando del objetivo evidenciar, característico de los estudios que llevan como propósito evidenciar, como traducción de la influencia.

Por ejemplo, cuando planteamos el estudio "Influencia del nivel socioeconómico sobre el rendimiento académico de los estudiantes", claramente estamos tratando de evidenciar una relación de causa y efecto, estamos proponiendo que los bajos niveles de la variable nivel socioeconómico estarían causando los bajos niveles de rendimiento académico.

Ahora veamos otro ejemplo: "Influencia del clima organizacional sobre la percepción de la calidad de la atención en un Centro de Salud". Por supuesto, estamos pensando que el clima organizacional deficiente en los trabajadores produce insatisfacción o mala percepción de la calidad en los pacientes que se atienden en este Centro de Salud. Los estudios de influencia se plantean de esta manera, con una variable independiente.

A esto, dentro de los criterios de causalidad, se le denomina especificidad, aunque las asociaciones específicas no existen hay que plantear la búsqueda de la evidencia causal y esto es más fácil cuando se propone una sola causa.

Dentro de la lógica proposicional, es más fácil aceptar una relación de causa y efecto cuando para un efecto se plantea solamente una etiología.

A este criterio de causalidad le agregamos el razonamiento por analogía, que es habitualmente el origen de la hipótesis de la relación causal que estamos planteando en el inicio del nivel investigativo explicativo cuando tratamos de demostrar relaciones de causalidad sin experimentación. Pero, como es lógico, el siguiente paso, el siguiente objetivo, sí involucrará la experimentación.

Objetivo N° 9

El objetivo demostrar

Nos encontramos en el nivel investigativo explicativo, y la demostración se realiza después de desarrollar el objetivo evidenciar. El objetivo demostrar significa construir un método apoyado en los criterios de causalidad, donde el más importante de todos es el de la experimentación.

Cuando desarrollamos experimentación, automáticamente se cumplen un conjunto de criterios de causalidad, como por ejemplo, la secuencia temporal o la cronología. Si el estudio es manipulado, entonces, manipulamos la supuesta causa para producir un supuesto efecto que todavía no existe cuando iniciamos el estudio.

La experimentación es el criterio, después de la estadística, más importante para demostrar relaciones de causalidad.

La demostración mediante experimentos requiere necesariamente la evidencia previa, más aun si el experimento es con seres humanos o con seres vivos en general. No podemos pretender saber si existe o no existe asociación, si existen o no existen diferencias cuando trabajamos con seres vivos.

Esta asociación, esta diferencia, tendría que haber sido evidenciada previamente y, es más, tendríamos que haber desarrollado un estudio de nivel explicativo sin experimentación. Esto se completa en el objetivo anterior, en el objetivo evidenciar.

Ahora recordemos las dos características más importantes del experimento: la primera característica es la manipulación y la segunda es el control. La manipulación no es necesariamente intervención; de hecho, no podemos considerar como sinónimos a estas dos palabras.

Cuando hacemos un experimento, manipulamos a la variable independiente para causar la variable dependiente; esto, por supuesto, algunos lo denominan intervención, pero la manipulación es una intervención a propósito del estudio, es para provocar la respuesta, a diferencia de los estudios aplicativos, donde la intervención tiene la finalidad de mejorar la condición de la población o del sujeto intervenido.

Por ejemplo, en una campaña de vacunación existe una intervención sobre la población, pero el objetivo de la campaña de vacunación no es demostrar si la vacuna sirve o no, es influir o modificar los valores de prevalencia de la enfermedad para la cual se hizo la campaña de vacunación.

Por lo tanto, cuando hablamos de experimentación, la intervención deliberada a propósito del estudio se denomina manipulación, y la otra condición de los experimentos es el control. No hay que confundir estos dos requisitos del experimento: manipulación y control, porque algunos autores piensan que los requisitos del experimento son manipulación y aleatorización, y no es cierto, porque hay experimentos que no son aleatorizados, como prueba de ello son los experimentos que se hacen sobre un solo grupo.

Cuando nosotros experimentamos con un solo grupo no estamos aleatorizando nada, estamos haciendo una medida inicial, manipulamos y luego hacemos una medida final. A este tipo de estudios o experimentos se les denomina autocontrolados, porque el control es consigo mismo en una etapa anterior o en un estado basal; otros a este estudio le denominan cuasiexperimento, es un experimento con un solo grupo, y ésta es la prueba de que no todos los experimentos son aleatorizados, existen experimentos sin aleatorizar.

Por lo tanto, los dos requisitos para un experimento son manipulación y control. Ahora hay que desglosar el control en control metodológico y control estadístico. Desde el punto de vista metodológico, en todo estudio hay que controlar el error aleatorio y el error sistemático, pero en la experimentación no estamos pretendiendo hacer conclusiones sobre la población.

De hecho, las unidades de estudio que evaluamos en un experimento no son muestrales, es decir, que no pretendemos llevar las conclusiones de una muestra hacia una población. Por consiguiente, en experimentación no hablamos del error aleatorio que surge o nace a partir de la toma de muestras, lo que sí realizamos es un control de la variabilidad, porque si en las unidades de estudio que estamos analizando existe mayor variabilidad, entonces, necesitaremos un mayor número de unidades de estudio. Para controlar el error sistemático tenemos que controlar tanto la selección como la medición de las unidades de estudio.

Cometemos errores de selección, por ejemplo, cuando en lugar de estudiar casos de la población o buscar a los casos dentro de la población, los buscamos dentro de un hospital cuando estamos evaluando enfermedades.

Otro sesgo de selección lo cometemos cuando en lugar de buscar aleatoriamente a nuestras unidades de estudio, permitimos que voluntarios se integren dentro de nuestro grupo a evaluar. Cometemos un sesgo de selección cuando evaluamos a las unidades de estudio, a las personas o los pacientes que están más cerca de nosotros y no de manera aleatoria.

En ocasiones el propio experimento nos exige que le demos tratamiento a un grupo de personas porque lo necesitan por su condición, y esto también corresponde a un sesgo. Por supuesto, no podríamos aleatorizar a los pacientes con una determinada enfermedad y decir que a la mitad de ellos les damos el tratamiento y a la otra mitad no les damos el tratamiento. Es por esta razón que cuando trabajamos con pacientes no podemos realizar experimentos verdaderos.

Otro tipo de sesgo se presenta cuando las unidades de estudio se nos van perdiendo durante el desarrollo del trabajo de investigación, comoquiera que la participación en los estudios por parte de los pacientes es voluntaria y ellos pueden abandonar en cualquier momento el estudio, muchos de ellos se irán por cuestiones relacionadas a la propia terapia, incluso algunos podrían fallecer y los resultados de los pacientes que quedan no son necesariamente los mismos que de todo el grupo o de todo el conjunto original. Por supuesto que para evitar este tipo de sesgos de selección tenemos a las técnicas de muestreo, y en cada una de ellas podemos identificar los diferentes sesgos de selección que se nos pueden presentar.

Pero incluso si hemos hecho una adecuada selección de las unidades de estudio, todavía se pueden presentar sesgos de medición como otra de las amenazas de la validez interna de un estudio. Cuando hablamos de los sesgos de medición, lógicamente, estamos hablando de los estudios prospectivos, porque necesitamos realizar mediciones. Una de las formas más frecuentes de que disponemos los investigadores para obtener datos es la observación.

Cuando realizamos el proceso de medición podemos identificar al sujeto observador o evaluador, al ente observado, que puede ser un sujeto o un objeto, normalmente es una persona, y a los medios de observación. A partir de esto podemos identificar los errores o sesgos que se cometerían en este proceso, como los sesgos del observador, errores del observador, sesgos del instrumento y también los sesgos y errores del sujeto observado.

El evaluador suele tener, a veces, percepciones subjetivas o prejuiciosas, porque tiene el interés de demostrar su hipótesis. Éste es el primer sesgo de medición.

Por otro lado, si no utilizamos el diagnóstico definitivo, el instrumento patrón para evaluar a nuestros pacientes y utilizamos una prueba de screening, de tamizaje o de despistaje, ahí tenemos ya un sesgo de la capacidad diagnóstica del instrumento. Si el instrumento que estamos utilizando está descalibrado, ahí tenemos otro sesgo de medición. Cuando realizamos encuestas o entrevistas a los pacientes, también es posible que ellos hayan olvidado algunas cuestiones relacionadas con su enfermedad o patología. Por lo tanto, estaríamos hablando también del sesgo de medición por parte del evaluado.

En otros casos los evaluados pueden modificar sus respuestas de acuerdo a su propia conveniencia, como por ejemplo, cuando se les realiza una entrevista laboral. Al control de la variabilidad, al control de los sesgos de selección y al control de los sesgos de medición le denominamos control metodológico.

Pero no es la única forma de realizar control sobre un estudio, también tenemos al control estadístico, del cual habíamos hablado anteriormente, incluir variables intervinientes para hacer análisis estadístico estratificado o análisis estadístico multivariado; en términos generales, corresponde al control estadístico. En los experimentos, cuando participan únicamente dos variables, es posible que no exista control estadístico.

Objetivo 10

El objetivo probar

Solamente se puede probar lo que previamente se ha construido, y previamente habíamos desarrollado el objetivo demostrar; por lo tanto, hay una secuencia natural de los objetivos que tenemos que desarrollar dentro de nuestra línea de investigación en el nivel investigativo explicativo.

Comenzábamos por un estudio no experimental, en el cual desarrollamos el objetivo evidenciar, clásico de los estudios de influencia.

Luego ya entramos en el campo de la experimentación, y lo primero que tenemos que hacer es construir un método para demostrar la relación de causalidad. Una vez que hemos construido este método, hay que probar si realmente nos da los resultados que indica el autor.

La ciencia es repetible y reproducible, por lo tanto, si yo tomo un trabajo de investigación, un experimento, y hago exactamente lo mismo que se indica en su método, tendría que obtener los mismos resultados. Si un investigador ejecuta el mismo estudio en varias ocasiones, sobre la misma población y con los mismos instrumentos, los resultados tendrían que ser los mismos. **A esto se le denomina repetibilidad**.

Y si otros investigadores, utilizando el mismo método, con los mismos instrumentos y sobre la misma población, ejecutan el estudio, también tendrían que encontrar los mismos resultados o, por lo menos, dentro de un margen de confianza al 95%. **A esto se le denomina reproducibilidad**.

Así, cuando encontramos un trabajo de investigación, un experimento dentro de nuestra línea de investigación, hay que volverlo a ejecutar. Como es lógico, no podemos aceptar como ley lo que un investigador ha publicado de manera aislada, tendremos que repetir el método para ver si encontramos los mismos resultados a fin de probar la relación de causalidad planteada en el estudio anterior.

Hay que recordar que aquí el objetivo o la finalidad es demostrar la relación de causalidad, pero el método que se ha construido previamente para demostrar esta relación de causalidad tiene que ser aprobado, es decir, el estudio tiene que ser repetido una y otra vez. Esto, dentro de los criterios de causalidad, se denomina consistencia.

Los resultados de un estudio deben mantenerse constantes siempre que el mismo investigador los ejecute una y otra vez, además, deben ser reproducibles por cualquier investigador, en cualquier lugar. Las estimaciones deben estar enmarcadas, por supuesto, dentro de un intervalo de confianza, que normalmente es del 95% y deben ser coincidentes para todas las circunstancias.

Hay que recordar que los experimentos, por encontrarse dentro del nivel investigativo explicativo, tienen como finalidad no solamente demostrar validez interna, sino también validez externa. Recuerda que la validez interna implica llevar las conclusiones de una muestra hacia la población de donde fue extraída la muestra, y la validez externa implica llevar las conclusiones de una población hacia otras poblaciones que no participaron en el estudio. De tal manera que los experimentos, además de buscar validez interna también buscan validez externa.

Probar el objetivo de este nivel investigativo implica que los resultados deben cumplirse en cualquier población. Para esto veamos un ejemplo: si la aterosclerosis causa los infartos, y esto lo hemos demostrado en la ciudad de Lima, también tendría que causar el infarto en Madrid, en México o en Buenos Aires.

Esto es porque los experimentos o los estudios explicativos en general buscan validez externa; por lo tanto, el método que haya construido un investigador para demostrar que la aterosclerosis causa el infarto en la ciudad de Lima, también tendría que ser útil para demostrar que esta relación causa-efecto se da en otras poblaciones como Madrid, México o Buenos Aires.

Así que el primer paso sería que el propio investigador trate de probar el método que ha construido para demostrar la relación de causalidad en otras poblaciones. Si esto es factible, si esto es posible, si el investigador logra probar su método en otras poblaciones, a esto le llamamos repetibilidad.

El método es repetible. La ciencia en general es repetible. Lo ilógico, lo contraproducente, sería que logre demostrar una relación de causalidad en una población y no pueda hacerlo en otras poblaciones, o que los resultados que obtiene de este método aplicado en otra población no arrojen los mismos resultados.

De ocurrir esta situación, de presentarse esta circunstancia, el investigador tendría que retroceder en su línea de investigación hacia el objetivo anterior, demostrar, y construir un método distinto, ajustar el método que había construido previamente, modificarlo de tal modo que pueda permitirnos encontrar el mismo resultado cuando se aplique en una segunda ocasión.

Por esta razón, el investigador tiene que escribir exactamente todo lo que realiza para demostrar su estudio, para poder ejecutarlo en una segunda ocasión.

Esto es algo similar a las recetas de cocina, si podemos preparar un platillo de una determinada manera, es lógico que para poder prepararlo nuevamente tendríamos que escribir no solamente los ingredientes, sino también la forma de preparación.

Lo mismo tenemos que realizar cuando hacemos investigación, tenemos que anotar absolutamente todo lo que necesitamos para desarrollar nuestro estudio, así como la secuencia lógica con la que hemos ido avanzando paso a paso.

Esto es con la finalidad de que nuestro método sea repetible, sea factible de ser utilizado una y otra vez en distintas poblaciones y encontrar resultados, si no son iguales, por lo menos, bastante cercanos dentro de un margen de confianza.

Luego de realizado este procedimiento, lo que hacemos es publicar nuestro resultado, acompañado, por supuesto, de nuestro método, para que otros investigadores utilicen el método construido y tengan la posibilidad de encontrar los mismos resultados que nosotros hemos obtenido, por lo menos, dentro de un margen de confianza. Esta es la finalidad de la publicación científica: que otros investigadores puedan utilizar el método que nosotros hemos construido, a lo cual denominamos diseño de investigación.

Hay que recordar que cada diseño es distinto y que hay tantos diseños de investigación como ideas de estudios se nos ocurren; por lo tanto, ya habiendo escrito tanto las necesidades como la forma de ejecutar nuestro diseño de investigación, lo publicamos para que otro investigador (siguiendo los mismos pasos, utilizando los mismos recursos sobre cualquier población, recuerda que el estudio explicativo busca validez externa) tenga la posibilidad de encontrar los mismos resultados o, por lo menos, dentro de un margen de confianza. A esto se le denomina reproducibilidad.

Hay que tener en cuenta que la reproducibilidad no es fácil de alcanzar, incluso si estamos hablando de recetas de cocina. Cuando seguimos la secuencia de pasos utilizando los ingredientes que nos indican en un libro de recetas o, a veces, de lo que vemos en la televisión, no necesariamente obtenemos un resultado igual al que está publicado o al que hemos visto mediante la televisión.

En la ciencia esto es mucho más difícil de conseguir, porque hay muchas variables involucradas, muchas de ellas sobre las cuales no hemos tenido control o no hemos hecho una adecuada selección de los criterios que teníamos que incluir para controlar nuestro estudio.

Es por esto que la sección de métodos en nuestra publicación ha de ser la más exacta y prolija, la más detallada y la más completa, porque para la sección de materiales basta con hacer un listado de los requerimientos que tenemos que utilizar para nuestro trabajo, pero en la sección de métodos sí tenemos que ser muy detallados y muy puntuales, anotar incluso las dificultades que se nos han presentado en medio del desarrollo de nuestro estudio. De eso se trata la publicación científica.

La comunicación científica tiene como finalidad que podamos probar el método que otro investigador ha desarrollado previamente. Así, el objetivo probar dentro del nivel investigativo explicativo busca alcanzar tanto la repetibilidad como la reproducibilidad.

La repetibilidad es cuando un mismo investigador, utilizando el mismo método o el mismo diseño aplicado incluso en distintas poblaciones, encuentra resultados similares.

La reproducibilidad es cuando diferentes investigadores, utilizando el mismo método o diseño aplicado incluso en distintas poblaciones, encuentran también los mismos resultados o, por lo menos, similares dentro de un margen de confianza.

ACERCA DEL AUTOR

El Dr. José Supo es Médico Bioestadistico, Doctor en Salud Pública, director de www.bioestadístico.com y autor del libro "Seminarios de Investigación Científica".

Programas de entrenamiento desarrollados por el autor:

1. Análisis de Datos Aplicado a la Investigación Científica
2. Seminarios de Investigación para la Producción Científica
3. Validación de Instrumentos de Medición Documentales
4. Técnicas de Muestreo Estadístico en Investigación
5. Taller de tesis: Desarrollo del Proyecto e Informe Final
6. Análisis Multivariado - Diseños Experimentales
7. Análisis de Datos Categóricos y Regresiones Logísticas
8. Técnicas de análisis Predictivos y Modelos de Regresión
9. Control de Calidad: Análisis del Proceso, Resultado e Impacto
10. Minería de Datos para la Investigación Científica.
11. Entrenamiento para Tutores, Jurados y Asesores de tesis
12. Herramientas para la Redacción y Publicación Científica

MÁS SOBRE EL AUTOR

El Dr. José Supo es conferencista en métodos de investigación científica, entrenador en análisis de datos aplicado a la investigación científica y desarrolla talleres sobre los siguientes temas:

Libros y audiolibros publicados por el autor:

1. Cómo empezar una tesis
2. Cómo ser un tutor de tesis
3. Cómo asesorar una tesis
4. Cómo evaluar una tesis
5. El propósito de la investigación
6. Las variables analíticas
7. Cómo elegir una muestra
8. Cómo validar un instrumento
9. Cómo probar una hipótesis
10. Cómo se elige una prueba estadística
11. Validación de pruebas diagnósticas
12. Técnicas de recolección de datos

¿Quieres saber más?

www.SeminariosdeInvestigacion.com

Made in the USA
Middletown, DE
02 January 2024

47053532R00043